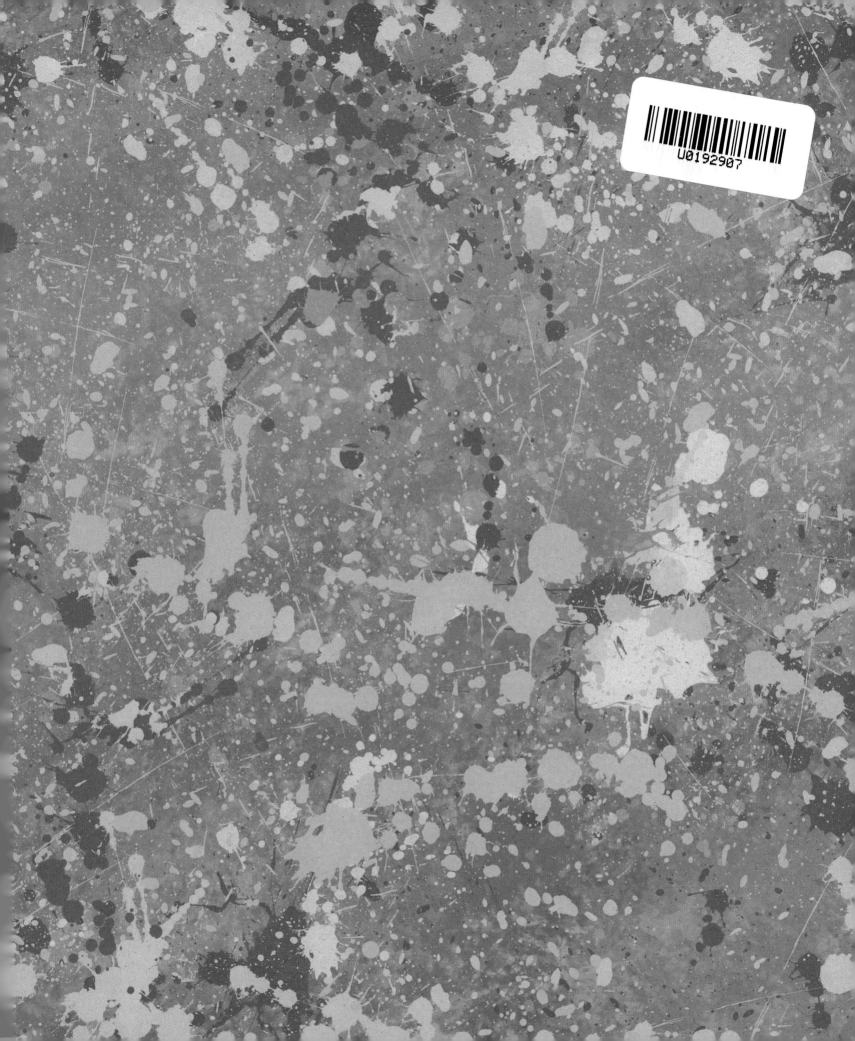

献给约翰和阿依达，带着爱和希望。
——凯瑟琳·巴尔

献给所有为地球的未来做出贡献的人们。
——史蒂夫·威廉斯

献给查利，爱你。
——埃米·赫斯本德

感谢所有为解决气候问题而不懈努力的人们。
——迈克·洛夫

气候
小历史

[英]凯瑟琳·巴尔　[英]史蒂夫·威廉斯　著

[英]埃米·赫斯本德　[英]迈克·洛夫　绘

肖潺　陶益凡　译

🦅 广西科学技术出版社

在很久很久以前，地球表面非常炎热，红色的熔岩和黑色的岩石在蜿蜒曲折的河流里翻滚。火山频繁爆发，大量的火山灰喷向天空。**从火山中喷出的气体构成了地球原始的大气层。**

臭气

45亿—23亿年前

随着时间的推移，地球温度降低，云层形成，熔岩冷却。太空中冰冷的**彗星**在坠落到地球的过程中，表面的冰逐渐融化。后来降雨变多，雨水在陆地上汇成新的海洋，地球由红色和黑色相间变成了以蓝色为主。

最早的生命是在海洋中诞生的。微小的**蓝藻**借助阳光不断生长，并释放出**氧气**，地球的大气层因为藻类的出现发生了巨大的变化。

植物蓬勃生长，空气中的氧气含量大幅提升。一种新的气体出现了——**臭氧**，它能保护地球免受太阳超强紫外线的伤害。后来，生命从海洋登上陆地，在一片荒芜的土地上不断演化……古蜻蜓在蕨类植物上休息，两栖动物涉水而过，巨型蝎子在潮湿的绿色丛林里疾驰。

23亿—3亿年前

腐烂的植物沉入沼泽，新生的植物向阳生长。在数百万年的生命循环中，那些被埋入地下的植物慢慢变成了**煤炭**。

海洋里的**藻类**和**浮游生物**死后沉入海底。这些微小的生命被泥沙覆盖，慢慢变成了石油和天然气。煤炭、石油和天然气都是**化石燃料**。

在数十亿年的时间里，地球气候在冷热交替中不断演变。地球反复经历炙烤和冰冻之后，更多的化石燃料形成了。

大多数情况下，地球气候是温暖的。因为**行星**周围有大气层环绕，所以才能保持温暖，这就像是给行星盖了一条毯子。在这个大温室的保护下，地球万物呈现勃勃生机：从微小的细菌到高大的树木，再到庞大的恐龙和盛开的鲜花。

3亿—6600万年前

我喜欢温暖的气候。

不幸的是，灾难还是来临了！一天，一颗巨大的**小行星**撞上了地球，几乎摧毁了地球上所有的生命。撞击产生的大量尘土飘浮在空中，挡住了阳光，地球霸主恐龙陷入了寒冷和黑暗中，由于没有食物，它们很快就**灭绝**了……值得庆幸的是，有些生命得以幸存。

过了很久，阳光最终穿过了小行星撞击地球所产生的层层尘埃。

哺乳动物开始主宰地球，生命再次大发展。在数百万年中，人类不断进化，同时也在不断探索世界。人们逐渐掌握各式各样的技能，并学会与自然和谐相处。

6600万年前至19世纪50年代

后来，人们发现燃烧化石燃料可以获取能量。于是，人们开始使用**煤炭、石油**和**天然气**，这种新的能源改变了每个人的生活。现在，我们可以搭乘火车旅行，在机器轰鸣的工厂里劳作，在温暖、明亮的房子里生活。

可是，化石燃料的燃烧会产生一种叫作**二氧化碳**的气体，久而久之，空气中二氧化碳的浓度不断上升。在短暂的时间里，人类活动已经改变了空气的成分。

随着世界的发展，人口越来越多，这就需要拿出更多的土地来生产粮食。与此同时，人们砍伐大量树木来建造房屋，森林逐渐变少。人们用腾出来的空地种植庄稼、饲养动物，从而养活不断增长的人口。

19世纪50年代

农场养殖的动物会产生一种叫作甲烷的**温室气体**。它主要是由奶牛打嗝和肠道消化排放出来的。像二氧化碳一样，甲烷也会吸收热量，加剧**温室效应**。

城市中腐烂的垃圾也会释放出**甲烷**。此外，北极的冰川、永久冻土层的下面也藏有大量的甲烷。随着全球变暖，北极的冻土层会慢慢融化，大大小小的甲烷气泡最终会被释放出来。

科学家们通过测量封存在高山冰川和极地冻土层下的空气气泡来研究古代的气候，从而了解气候变化趋势。

在美国夏威夷火山顶的观测站上，科学家正在测量空气中二氧化碳的含量。经过多年努力，基林教授绘制出了**二氧化碳浓度变化图表**，图表显示二氧化碳浓度上升了——表明地球正在吸收越来越多的热量。

1958年至现在

基林曲线 (二氧化碳浓度变化图表)

这对地球来说可不太妙。

二氧化碳浓度越来越高了！

今天，全世界都在关注基林绘制的这条上升曲线。它被命名为"**基林曲线**"，其揭示了人类历史上气候加速变化的趋势。

气候变化意味着什么呢？ 随着气温升高，海洋吸收了更多的热量，海水变暖，进而破坏了海洋的生态平衡。为海洋生物提供栖息地的**珊瑚礁**会因为海水温度上升而死亡，海洋生物面临失去生存家园的威胁。

随着冰川融化，冰盖会滑入大海，导致**海平面上升**。这使得海洋潮汐在高水位时会进一步影响世界各地的海滩，威胁着像海龟这样在海岸产卵的动物的生活。同时，海平面上升，会导致海拔低的岛屿被淹没，危及岛屿上居民的生命。

我脚下的冰变小了！

美味的企鹅呀！

极冰还在继续消融，北极熊和企鹅最终可能会因为极冰的消失难以繁殖和生存。鲸等海洋生物主要以**磷虾**为食，然而包括磷虾在内的很多海洋生物同样会因为极冰的融化而逐渐消失。

随着大气环境的变化，洋流也在改变，同时也改变了气候，使暴雨、洪涝、干旱和龙卷风等极端天气事件增多。

气候变化在全球范围内产生了巨大影响。日趋凶猛的飓风、不断蔓延的干旱和变化频繁的降雨正在威胁地球上的生命。

在许多气候炎热的国家，**沙漠**面积越来越大。天气持续干燥，引发森林大火，空气中弥漫着浓烟。沿海地区洪水泛滥，风暴肆虐。

现在

冰怎么不见了？

环顾世界各地，很多物种要么逃离，要么就必须适应气候变化。成群结队的大象**迁徙**到干涸的水边或水坑里，森林里的猴子徘徊在燃烧的树木周围，筋疲力尽的北极熊在融化的冰块间游来游去。**只有适应环境，才能生存下去。**

我的妈妈在哪儿？

大多数物种都受到了**气候变化**的影响，一些物种的栖息地遭到破坏，还有一些物种**濒临灭绝**。

动物并不是唯一的受害者，人类也在被迫迁移。为了免受气候变化导致的海平面上升、沙漠化等极端事件的影响，数百万人不得不**背井离乡**，转移到更安全的地方。

由于洪水和干旱频发，农民需要重新寻找适合耕种的土地，或者寻找能适应这种气候变化的种子。

未来海平面可能会越来越逼近沿海城市，最终**淹没**岛屿和低洼地区。随着**全球变暖**，蚊子也可能会将疟疾等疾病传播到新的地方，那些人口拥挤的城市，疾病传播的风险会更高。

发达国家燃烧**化石燃料**获取能量，制造出汽车等人们需要的产品。人们的需求不断增多，于是，森林面积进一步减小，更多的人涌入城市工作，城市垃圾堆积如山。

气候变化对贫穷国家人民造成的影响更大。许多农村青壮年到繁华的城市打工，女人和孩子留在家里，当庄稼歉收时，他们可能会挨饿。遇到干旱时，他们必须长途跋涉去寻找水源。孩子们很少有时间学习，有些孩子甚至不上学。

现在

在贫穷的国家，如果女孩有机会上学，她们就不会那么早结婚，新生儿的数量也会减少，家庭结构会更加健康。受过教育的女性能将农场管理得更好，这些农场也能更好地应对气候变化的挑战。**女性的力量同样可以改变世界！**

从遥远冰川到茂密森林、高山之巅，再到繁忙都市和深蓝大海，科学家们一直在观测地球上发生的变化。通过研究，他们发现了大自然对减缓气候变化速度的重要作用，尤其是**海洋**和**森林**的重要作用。

现在

海洋中大量的**浮游植物**需要吸收空气中的二氧化碳来加快生长。陆地上的树木生长同样需要吸收二氧化碳，还可以将**碳**储存数百年。但是，当森林被砍伐或烧毁时，二氧化碳又会回到空气中。

多么清新的空气啊！

二氧化碳

二氧化碳

二氧化碳

随着全球变暖，它们吸收温室气体的能力也在下降。我们可以通过保护海洋和森林来控制温室气体浓度上升的速度，进而避免气候变化造成的严重后果。

亚马孙雨林是世界上最大的热带雨林，它能减轻气候变化的影响。但是，那里大片的森林正在消亡。当地人在森林中开垦出大片土地，用来养殖牲畜、种植作物，有些饲料作物会被销往其他国家。

现在

如果人们能减少对肉类的摄取，那么更多的森林就能保存下来了。我们可以尝试多吃一些豆类、蔬菜，少吃一些肉。从蔬菜汉堡到蔬菜馅饼，越来越多的**素食**出现在人们面前，味道鲜美又有助于保护森林。**多吃素食也是应对气候变化的关键一步。**

目前我们使用的大部分能源仍然来自化石燃料，但太阳能、风能、潮汐能等绿色能源正在悄然改变世界。这些绿色能源是**可再生能源**，它们可以减轻地球污染。

现在

我们每天都要消耗能源，用来旅行、生产、照明、取暖等。我们可以设计能吸收太阳能的屋顶，从而节约能源。从建造环保住宅，到使用自行车和使用可再生能源，有很多方法可以应对气候变化。

科学家们用最新的研究成果证明了人类活动是影响气候变化的重要原因。

他们开展科学研究，交流观点，预测未来，并指出我们应该停止对地球的破坏。

许多孩子也在勇敢发出自己的声音，抗议气候变化带来的危害。这些孩子用行动告诉大人，他们也非常关心地球！

现在

他们呼吁大家使用清洁能源，支持绿色产业，减少消耗和浪费，保护大自然。这样，我们就可以减轻人类对地球的威胁。

人类已经找到了应对气候危机的办法。现在我们明白了，**要善待大自然，而不是一味地向大自然索取。**

从现在起，我们要用更科学的方法来**与地球和谐相处。**大到国家，小到每个家庭、每个人，都应该用行动保护我们珍贵的星球。

蔬菜汉堡来喽！

现在至未来

我们学会了如何保护土地、森林和海洋，以及如何保护野生动物和人类自身。我们可以做一些力所能及的事情，比如多植树，少吃肉类，少买东西，与家人和朋友分享节约能源、减少浪费的经验。让我们共同应对气候变化的挑战！

词语表

大气——通常指大气圈的全部或一部分，是包围在地球或其他星球外的气体层。

二氧化碳——一种无色无臭的气体，是动植物新陈代谢和有机物完全燃烧时的产物。绿色植物吸收二氧化碳和水，经光合作用合成有机物。

浮游生物——主要是指生活在水里的微小动植物。

彗星——绕太阳运行的一种天体，通常在背对太阳的一面，拖着一条像扫帚一样的长尾巴。

化石燃料——由古代动植物遗骸等演变成的天然燃料，例如煤、石油和天然气等，是不可再生能源。

进化——生物逐渐演变，由低级到高级，由简单到复杂，种类由少到多的发展过程。

甲烷——一种无色无味的可燃性气体。大气中的大部分甲烷是由人类活动产生的。

可再生能源——来自太阳、风和水等自然资源的能源，它们在自然界可以循环再生。

蓝藻——一种原始、低级的藻类植物，可以利用阳光和二氧化碳制造自己的食物。

现在至未来

现在

灭绝——一种生物永远消失了。

气候变化——气候在长时期内显著演变的情况和趋势。最近气候变化的主要原因是人类活动使大气中的温室气体含量增加，导致全球气候变暖。

迁徙——动物为了寻找更合适的生存条件而进行的迁移。

温室效应——二氧化碳和甲烷等气体能使地球变暖，这些气体能像温室一样将热量留在地球大气中，故称温室效应。

温室气体——主要有二氧化碳、水汽和甲烷等。大气中这类气体含量增加，会导致全球变暖。

小行星——围绕太阳运行的小天体，包括岩石和金属块等。

氧气——一种无色无味的气体。空气中的氧气能通过植物的光合作用不断得到补充，大多数生物获得氧气才能存活。

著作权合同登记号　　桂图登字：20—2020—294号

图书在版编目（CIP）数据

气候小历史/（英）凯瑟琳·巴尔，（英）史蒂夫·威廉斯著；（英）埃米·赫斯本德，（英）迈克·洛夫绘；肖潇，陶益凡译. —南宁：广西科学技术出版社，2021.9
ISBN 978—7—5551—1653—0

Ⅰ.①气… Ⅱ.①凯… ②史… ③埃… ④迈… ⑤肖… ⑥陶… Ⅲ.①气候学－普及读物 Ⅳ.①P46—49

中国版本图书馆CIP数据核字（2021）第166467号

QIHOU XIAO LISHI
气候小历史

［英］凯瑟琳·巴尔　［英］史蒂夫·威廉斯　著　　　［英］埃米·赫斯本德　［英］迈克·洛夫　绘　　肖潇　陶益凡　译

责任编辑：蒋　伟	助理编辑：邓　颖
装帧设计：于　是	内文排版：孙晓波
版权编辑：尹维娜	营销编辑：芦　岩　曹红宝
责任校对：张思雯	责任印制：高定军

出　版　人：卢培钊	出版发行：广西科学技术出版社
社　　　址：广西南宁市东葛路66号	邮政编码：530023
电　　　话：010-58263266-804（北京）	0771-5845660（南宁）
传　　　真：0771-5878485（南宁）	

经　　　销：全国各地新华书店	
印　　　刷：北京华联印刷有限公司	邮政编码：100176
地　　　址：北京市经济技术开发区东环北路3号	
开　　　本：889 mm×1194 mm　1/8	印　　张：5
字　　　数：50千字	
版　　　次：2021年9月第1版	印　　次：2021年9月第1次印刷
书　　　号：ISBN 978—7—5551—1653—0	
定　　　价：49.80元	